BRINGING BACK OUR DESERTS

走进沙漠

[美] 克拉拉·麦克卡拉德(CLARA MacCARALD) 著

王 静 译

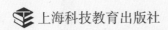

上海科技教育出版社

图书在版编目 (CIP) 数据

走进沙漠 / (美) 克拉拉·麦克卡拉德 (Clara MacCarald)
著；王静译 .—上海：上海科技教育出版社，2020.4
（修复我们的地球）
书名原文：Bringing Back Our Deserts
ISBN 978-7-5428-7173-2

Ⅰ . ①走… Ⅱ . ①克… ②王… Ⅲ . ①沙漠 – 青少年读
物 Ⅳ . ① P941.73-49

中国版本图书馆 CIP 数据核字 (2020) 第 012049 号

目　录

约书亚树的存活取决于适宜的降水。

第一章

约书亚树国家公园

约书亚树国家公园坐落于美国加利福尼亚州南部，地处多山的莫哈韦沙漠和低洼的索诺拉沙漠的交汇处。该公园占地面积约为 3200 平方千米，比美国罗得岛州的面积还要大。尽管环境恶劣，约书亚树国家公园里依然生长着各种各样的植物。

生长在约书亚树国家公园内的数以百计的植物中，许多是野生开花的品种。春雨过后，野花将公园低洼的地方装点得五彩缤纷，吸引了成千上万的游客。公园除了人类造访之外，还有许多其他访客。在约书亚树国家公园里，记录在册的鸟类达 250 多种，其中有 78 种鸟在公园里进行繁殖。有些鸟类在迁徙途中在这里做短暂停留，休息或者觅食；还有一些鸟类从附近的山中飞到这里，躲避山中的大雪。公园为 52 种哺乳动物、44 种爬行动物和 2 种两栖动物提供栖息地。此外，园内还有大量的节肢动物，其中包括 75 种蝴蝶。

北美的沙漠

沙漠覆盖着北美广阔的土地，虽然都很干燥，但不同的地理位置和降水模式赋予了它们不同的特征。索诺拉沙漠从亚利桑那州和加利福尼亚州南部一直延伸到墨西哥。其气候冬季温和，夏季偶尔有暴雨，繁育了大量不同种类的具有温带和热带性气候特征的植物。莫哈韦沙漠的气候是寒冷而略带潮湿，整个沙漠覆盖了从南加州的北部到内华达州、亚利桑那州和犹他州的一大片区域。奇瓦瓦沙漠向南延伸得最远，从新墨西哥州和得克萨斯州的南部一直延伸到墨西哥。由于海拔高，冬季经常结冰。

沙漠生态修复

约书亚树国家公园遍布着数百个矿井，系采矿者在 19 世纪初开采而形成。本地植物在公园的大部分地区都难以生长。一些区域内的植物被矿工砍伐干净，作为燃料或者作为采矿用支架；另一些区域的植物也被清光，则是由于农场主尝试旱地耕作，结果却以失败告终。沙漠里还有数百千米蜿蜒曲折的道路，人们可以很方便地开车进入这片敏感的区域，践踏甚至盗窃沙漠里独有的植物。交通还带来非本地植物种子的入侵。

20 世纪 70 年代，公园管理人员便开始应对挑战，最先应对的是一种入侵物种——柽柳树。柽柳树原产于欧亚大陆，由园艺师和庭院设计师特意栽种，用于防风和遮阳。它们的树根能从地下深处汲取水分，抢夺生长所需的水分，并将大量盐分滞留在土壤中。

约书亚树国家公园的工作人员长途跋涉，走遍了整个公园，清除那些长在偏远的水源边和绿洲里的柽柳树。不久，管理人员又增加了新的清除目标，包括亚洲芥菜、风滚草和其他入侵草种，如紫叶狼尾草。这些非本地牧草比当地的丛生草更有竞争力。随着时间的推移，约书亚树国家公园的工作人员清除了成千上万棵入侵植物，让公园里的水源免受柽柳树和紫叶狼尾草等的影响。

清除外来物种只是修复工作的一部分，而修复工作另一项关键内容是恢复本地物种。约书亚树国家公园里的部分土地尚未从矿工和农耕者造成的破坏中完全恢复。早期人们曾尝试在砾石沙坑里栽种植物，但由于种子难以发芽，好不容易长出的幼苗又经常死亡，导致这项尝试停滞不前。如果没有更好的办法，约书亚树国家公园就没有希望修复大片土地。1986 年，旱地恢复中心成立，负责研

公园的历史

20 世纪 20 年代，美国加利福尼亚州帕萨迪纳的居民霍伊特（Minerva Hoyt）关注到，盗采仙人掌导致沙漠植被减少。霍伊特发起了一场保护运动，这场运动最终导致的结果是，1936 年，"约书亚树国家历史遗迹公园"正式设立。1976 年，政府认定公园内约 80% 的面积为荒野，禁止筑路和机械化车辆进入。1994 年，在人们日益认识到沙漠是一个独特和有价值的生态系统后，政府颁布了《加利福尼亚沙漠保护法》，将该遗迹公园改为约书亚树国家公园，并将其扩大到现有的规模。自 2009 年以来，约书亚树国家公园 85% 的面积被列为荒野。

从路边望去，干旱土地有隐藏生命的迹象；而近距离的观察会令你发现，它是一个由许多生物交织形成的生态系统，极其美丽和复杂。

——《美国西部国家公园》一书中关于约书亚树国家公园的描述

7

究和开发新的生态恢复技术。工作人员发现，沙漠植物先在苗圃中生长一段时间，然后再移植到干旱的环境中，其存活率大大提高。

20 世纪 90 年代，约书亚树国家公园在全园范围内封闭道路。外来物种的入侵，更加便捷的交通，对沙漠龟等野生动物构成了严重威胁。最终，近 270 千米的道路停止使用。为了不让司机驶入，他们掩藏了封闭的道路。工作人员将重点放在了路口，在一些路口，他们采用截水坑和垂直覆盖等方法。截水坑指挖一个坑来截留沙漠中稀少的降水。垂直覆盖是指将植物秸秆垂直插入土壤中，这些秸秆与周围植物融为一体，帮助土壤蓄水、保土和留住种子。

为控制游客产生的影响，约书亚树国家公园重新规划道路，修建新的停车场，腾出了一片新的区域。为了避免沙漠植物灭绝，工作人员将它们移至其他区域，开展抢救这些植物的工作。每年，植被工作组的工作人员一边消灭外来入侵物种，一边传播和培育本土物种。

水边疯狂生长的柽柳。

9

旱地恢复中心

在 20 世纪 80 年代，只有很少的苗圃出售沙漠植物，因为根本没有市场。因此，当约书亚树国家公园想要种植当地的原生植物时，他们必须自己想办法。于是他们自己建了一个小苗圃。到 1992 年，苗圃已经扩大到包含两个温室的规模，种植了上千种原生植物。约书亚树国家公园所有与植物相关的项目都以"旱地恢复中心"的名义展开，包括苗圃、恢复计划和稀有植物研究等。旱地恢复中心不仅让约书亚树国家公园获益，还为州、联邦和私人组织等提供稀有树种以及专业的种植培训。

约书亚树晋升为国家公园后，在几年的时间里，它迅速成为更受欢迎、更具全球知名度、资源管理更科学的公园，也得到更多高级官员的关注。

——迪欧萨文（Lary Dilsaver），南阿拉巴马大学地理学名誉教授，2015 年

公园的未来

沿着约书亚树国家公园的小径，游客可以看到"遗失的棕榈树绿洲"和开矿遗留下的"失马矿场"等特色景观。沙漠看起来似乎是永恒不变的，但事实上它一直在发生着变化，且在过去的几百年里，它的变化速度正在加快。如果没有多年积极且坚持不懈的修复工作，沙漠不会看起来如此美丽。

虽然约书亚树国家公园是保护区，它依然受到人类活动的影响。游客人数每年都在增加，2016 年超过了 250 万人次。公园管理人员一直在寻找方法，尽量减少游客对自然奇观的影响，这可能需要新增其他入口和一个新的游客中心。

工业发展和住宅开发不断蚕食着公园周边地区。在有些日子里，附近城市里的空气污染已达到影响人类健康的水平，可能也会影响到沙漠里的动物。植

约书亚树国家公园内的一条小径，通往多刺仙人掌花园。

约书亚树

传说早期摩门教的定居者给约书亚树起了这个名字，他们认为这些树看起来像《圣经》中的人物约书亚一样，欢迎他们来到这个新的地方。约书亚树高达12米，是一种高大的丝兰属植物，有49个品种。与其他的多年生沙漠植物类似，约书亚树的种子很难发芽，但这种树寿命长，平均可达150年甚至更久。约书亚树的根系很浅，分布范围广，有利于吸收突如其来的倾盆大雨。约书亚树为数十种鸟类提供了筑巢场所，但它自身的繁衍需要丝兰蛾。如果没有这种飞蛾授粉，就没有新的约书亚树生长出来。虽然约书亚树和丝兰蛾都还没有达到濒临灭绝的地步，但它们正面临着人类开发和气候变化所带来的威胁。

物也容易受到污染的影响。人们担心，空气污染物中的氮元素可能会提高沙漠土壤的肥力，这更有利于非原生植物的生长。

气候变化的影响已经开始显现。该地区频发的干旱已经影响了约书亚树的生长。随着温室气体的增加，地球变暖，美国西南部地区预计将变得越来越炎热和干燥。有的树种必须迁移到新的地方，否则可能彻底消失。约书亚树国家公园的管理人员正在研究如何监测气候变化的影响，实施保护公园生态系统和濒危物种的行动。通过不断的努力，几十年后，约书亚树国家公园将成为众多原生沙漠物种的家园，呈现出令人惊叹的美丽景观。

成功的沙漠生态修复

从人类的角度来看，沙漠是一个恶劣的环境，其实沙漠中有些意想不到的地方长满了植物。虽然这些植物能够在极端的环境中生存下来，但它们并不能适应人类活动带来的变化。人类活动对沙漠的影响是巨大且颠覆性的。正如近代史所展现的那样，农业、修路、开发、污染和入侵物种仍然威胁着世界各地的沙漠。随着人口的增长和技术的发展，气候变化等新挑战也随之而来。

在面临巨大挑战的同时，沙漠保护工作也取得了重大成功。以约书亚树国家公园为例，公园是一片美丽的沙漠，那里不受人类影响，入侵物种造成的破坏性影响也得到有效的控制，许多区域也利用原生植物进行了修复。在环境保护主义者、土地管理人员、政府和其他人员的共同努力下，世界上其他退化的沙漠也得到了保护和恢复。未来的沙漠将不同于现代农业发展之前的沙漠，但它们仍然是支持各种独特生命形式的生态系统。

氮污染

任何生物的生长都离不开氮。氮元素是蛋白质的重要组成部分，而蛋白质既是一种具有多种细胞功能的有机化合物，也是细胞的重要组分。地球大气中的氮气含量占78%，但大多数生物不能直接利用大气中的氮气，固氮微生物是个例外。它们吸收大气中的氮气，并将其固定到特定的化合物中，形成生物体可以利用的铵离子。一些固氮微生物与植物根系形成共生关系。

在大多数沙漠中，低浓度氮是限制植物生长的最大因素。原生沙漠植物适应在低氮环境中生长，而空气污染会增加开发区土壤中的氮元素。氮元素可以以颗粒形式飘浮在空中，也可以随着降水沉降到地面。

约书亚树国家公园的某些地区受到位于其西部的城市、特别是洛杉矶盆地中高浓度氮的影响。这些氮增强了土壤肥力。科学家们担心，与沙漠本土物种相比，快速生长的入侵物种更易于吸收这一从天而降的营养。加州大学河滨分校的一名教授对约书亚树国家公园开展研究后发现，增加氮元素确实会促进非本地牧草的生长。对于本土植物来说结果则各异，在某些情况下它也能促进本土植物的生长，但在大多数时候，本土植物由于竞争不过快速生长的外来植物而在不断减少。

氮循环

氮气

固氮

铵离子

许多植物从土壤中获取生长所需的氮元素。

根据联合国的统计，沙漠和半荒漠约占地球
陆地总面积的 17%。

第二章

什么是沙漠

沙漠是干旱的陆地。要形成沙漠，一个生态系统的蒸发量必须大于降水量，具体大多少因地区不同而有所差异，但在一般的干旱沙漠中，年降水量不足 250 毫米。年降水量为 250—500 毫米的地区仍然干旱，通常归为半干旱沙漠。

干燥的空气造就了沙漠。干燥的空气可能由某个全球性地质特性形成。赤道周围干热的风创造了几个大沙漠，包括撒哈拉沙漠和美国的 3 个沙漠（莫哈韦沙漠、索诺拉沙漠和奇瓦瓦沙漠）。洋流也对沙漠的形成产生影响。在某些大陆的西部边缘，冰冷的海水从海底深处涌到海洋表面，使经过这片海洋上空的空气变冷。冷空气所能容纳的水汽比暖空气少很多。南美洲的阿塔卡马是世界上最干旱的沙漠，非洲的纳米布则是著名的海岸沙漠。

沙漠之最

撒哈拉是世界上最大的沙漠，面积为 910 万平方千米，几乎相当于美国大陆的面积。世界上最热的沙漠地区是加利福尼亚莫哈韦沙漠中的"死谷"。在 1913 年的热浪中，这里的气温达到了 57℃。这是到 2017 年为止，地球上测得的最高气温纪录。地球南端的南极洲是世界上最大的寒冷沙漠，绵延 1300 万平方千米。它保持着地球上有记录以来的最低温度，-89.2℃。一些科学家认为，非洲南部的纳米布沙漠是最古老的沙漠，那里数百万年或更长的时间里都几乎没有降水。

大陆内部也有沙漠，比如亚洲的戈壁荒漠。当来自海洋的空气到达这些沙漠时，因为已经"旅行"了很长的距离，空气失去了大部分水汽。这些沙漠因距离海洋很遥远，没有受到海洋的温度调节作用的影响，气温经历了巨大的落差，直接从夏季降到冬季。有些沙漠位于山坡背面的雨影区，像莫哈韦沙漠和大盆地荒漠。来自海洋的暖湿气团上升到山坡的上空后冷却凝结，使得气团中大部分的水汽以降水的形式落下。当干冷的空气翻过山顶达到山坡背面时开始下沉，它会增温，锁住空气中剩余的水汽，因此形成一个干燥雨影区。

戈壁是亚洲最大的荒漠。

> 除了水量稀少外，沙漠中的降水还经常变化无常、难以预测。沙漠越干旱，降水量越不稳定。
>
> ——亚利桑那州，索诺拉沙漠博物馆

干旱地区的多样性

尽管所有的沙漠都缺水，但它们的景观和形成机制却千差万别。所有大洲上都有沙漠，所处地的气候却截然不同。并非所有沙漠都分布在炎热的地区，在寒冷的南极洲，贫瘠的山谷也归类为沙漠。有些沙漠冬季十分寒冷，但即使是最炎热沙漠，在晚上，如果空气中没有水汽，或没有云层锁住热量，气温也会低到让人瑟瑟发抖的地步。而在白天，即使是冬季，炎热沙漠里的气温也能飙升到38℃以上。

在不同的季节里，不同沙漠的降水量也明显不同。对于沙漠植被来说，每年的降水时间与降水量同等重要。海岸沙漠中，除了以雾这种形式存在的水汽之外，几乎没有其他可以保证生命存活的水分。有些研究人员指出，阿塔卡马沙漠几百年来一直没有降水。

不同沙漠的地表覆盖物也不同。大部分沙漠里有零星的植物，但有些沙漠里根本看不见生物，在另一些沙漠中，它们淹没在流动的沙丘里。有一种覆盖层称为沙漠卵石覆盖层，即一层岩石覆盖在土壤之上，这种覆盖层需要数千年时间才能形成。一些沙漠地表长有富含微生物结皮，这种结皮被称为生物或隐生物土壤结皮。即使在最干燥的阿塔卡马沙漠，也有微生物附着在这些岩石的空隙中。

适应沙漠

大多数沙漠里都有植被，除非地面布满了流动沙丘或被风吹得光秃秃的岩石。没有植物能在完全没有水的条件下生长，沙漠植物用自己独特的方法应对沙漠干旱。一些植物以种子的形式度过干旱期，如亚利桑那羽扇豆。当有水的时候，一年生的植物迅速发芽并完成其生命周期。沙漠里的多年生植物生长缓慢，但生命周期很长，比如石炭酸灌木丛。因为生命期长，成年后的多年生植物要在干旱环境里生存更长的时间。许多沙漠灌木会在干旱时期落叶，如沙漠金菊。石炭酸灌木丛的蜡状叶片虽然不会凋落，但它们会变得非常干枯，就像死了一样。

并非所有沙漠植物都受天气影响。多肉植物通过在肉质的茎或叶里储存水分来抵抗干旱。有些沙漠植物会把根深深地扎入地下，去寻找地下水。比如柔荑牧豆树的根可以深入地下 60 米。沙漠里像石炭

当有足够的雨水时，野草会迅速发芽、生长、开花，并且在干旱和炎热来临前结出种子。

——死谷国家公园

多肉植物

多肉植物指用肉质茎或叶子储存水分的植物。北美洲的多肉植物常见的有仙人掌和约书亚树。非洲有冰叶日中花，其白色的叶片即使在炎热的天气里看起来也像结了冰；还有生石花属植物，它们与生活环境中的岩石相似。大多数多肉植物的根系分布广而扎根浅（其作用是吸收降水），并且有预防干枯的蜡质表皮。像其他沙漠植物一样，一些多肉植物也长着刺状物以起到保护作用。许多多肉植物还有其他方法来防止水分流失。大多数植物为了进行光合作用，叶片在白天通过气孔吸收二氧化碳；而多肉植物会在夜间开启气孔吸收二氧化碳，因为夜间气温低，可以减少水分的流失。

21

更格卢鼠生活在美国西部和西南部的干旱地区。

酸灌木丛等植物的根系大面积延伸到地表，从而能迅速吸收降水。过度蒸发会导致沙漠表层土壤中盐分聚积，而含盐量过高会导致大多数植物中毒。不过也有一些植物已经适应这种环境，它们有的通过外渗解决这个问题，就如红柳一样；有的通过把盐分储存在特殊结构中解决这一问题，就如普通芦苇一样。

　　动物行动自由，因此它们可以更容易地找到有利的生活环境。迁徙性的动物有时经过沙漠，它们无法完全适应沙漠环境，很多鸟类即如此，包括水鸟（如林鸳鸯）、鸣禽（如知更鸟）等。蝙蝠（包括叶鼻蝙蝠）迁徙时会利用沙漠资源，从索诺拉沙漠的仙人掌和龙舌兰等植物中汲取营养。

在炎热的沙漠里，动物通过寻找阴凉之处或在夜间活动来对抗炎热。它们经常在地下凉爽潮湿的洞穴里度过白天。比如，更格卢鼠和小囊鼠只在晚上才从洞里出来活动，耳郭狐利用它们的大耳朵为身体散热。还有些动物会在一年中最热、最干燥的时候进入休眠状态。沙漠里的青蛙和蟾蜍一年中的大部分时间都待在洞穴里，只在雨季才爬出洞觅食和繁殖。

无论在炎热还是寒冷的沙漠里，缺水始终是一个大问题。许多沙漠动物尽量减少从体表流失水分。一个极端的充分利用水的例子是，更格卢鼠甚至无须饮水，它食用种子就可以获取必需的所有水分。虽然骆驼必须喝水，但它们能在极度脱水的情况下存活下来，因此获得了标志性沙漠

沙漠里的无脊椎动物

小小的无脊椎动物在沙漠生态系统中扮演着重要的角色。蚂蚁和白蚁挖出的隧道可以增加渗入土壤的氧气和水分的含量。土壤中的无脊椎动物（如螨虫和线虫）能改善沙漠土壤，并为动物提供食物。沙漠里大量的动物以无脊椎动物为食，如鸟、小型啮齿动物、蜥蜴、蛇，甚至像土狼这样的大型动物。无脊椎动物（如昆虫）还通过捕食来抑制植物种群的数量。有研究表明，蚂蚁甚至会搬动刚发芽的种子，以阻碍沙漠恢复的进程。

含水层

沙漠地表以下的含水层储藏了大量的水，如撒哈拉沙漠部分区域和澳大利亚一些地区的地下。含水层不包括地下湖。含水层的水存在于岩石或其他物质周围，它们沿着裂隙或者孔隙或快或慢地流动着。含水层可能由地面向下延伸，也可能被一层不透水的物质隔在地下很深的地方。当水被隔在非透水物质之间时，水压会通过裂隙把地下水挤到地表，形成地表有水后的景观，如绿洲等。从含水层流走的水可能需要很长时间才能得到补给，因为含水层的水可能来自遥远地方的降水，或者几千年前的降水。

动物的称号。它们一旦找到水，就会大口大口地喝，迅速补充水分。

沙漠里的水

虽然沙漠里水分稀缺，但水有助于地貌景观的形成，也影响到沙漠生态。每当降水，小溪和河流就会被水填满。如果降水量足够大，洪水就会暴发，将其流经之路上的一切都冲走，并在地表留下深深的沟渠。不太引人注目的是，大多数沙漠的地表下有含水层，一个地下水能够在其间流动的层状结构。当地下水以泉水的形式露出地表时，就形成了湿地和绿洲。当地面下沉到水位以下时，就形成了湖泊。因为沙漠地下水中含有盐分，涌出地表的水对植物而言就可能太"咸"，当然耐盐植物除外。

与水相邻的环境称为河岸生境。河岸生境只占沙漠地貌的一小部分，但它为种类丰富的植物和野生动物提供了生息场所。河岸地区保存了许多保护物种，如濒危的西南部柳纹霸鹟。根据斯普林斯管理研究所

沙漠地区的暴雨很罕见，但对生长在那里的物种很重要。

的报告，他们的专业人员为全美 20% 的濒危物种提供专门支持，如一种生活在美国西南部和墨西哥泉水和溪流中的沙漠鳉。沙漠水源也为野鹅和野鸭等候鸟提供资源和休憩场所。

隐生物土壤结皮

对人类来说，沙漠看起来是荒芜的。但在沙漠中，有许多地方甚至连表层土壤中都有生命存在。隐生物土壤结皮由细菌、藻类、真菌、地衣和植物混合而成。"隐生物"一词源于土壤中生物隐生这一特点，也就是说，如果不了解这类生物，人们不会注意到它们的存在。降水稀少时，隐生物土壤结皮看起来没有活力，呈现黑色；但只要下一会儿雨，它就会迅速补充水分并呈现出绿色。

隐生物土壤结皮有时也称"沙漠胶"。它们用根状的黏稠菌丝将表层土壤连在一起，防止被水冲走或风吹走。微生物能提高土壤肥力，它们既有利于水分渗入土壤，本身还给土壤增加了有机物和其他养分。微生物可能带来的营养元素是氮。固氮细菌能从空气中获取氮，然后将其转变为植物和有机体可以利用的形式。

不幸的是，隐生物土壤结皮是很脆弱的。当人类活动破坏或移除隐生物土壤结皮后，沙漠更容易受到侵蚀。有时隐生物土壤结皮周围的土壤会受到侵蚀，但它们仍然可以保留下来。遭到破坏后的隐生物土壤结皮有可能恢复，这取决于附近环境中是否存在具有恢复功能的微生物。但即便如此，完全恢复也需要很长时间。

隐生物土壤结皮通常分布在沙漠地区。

穿越沙漠的道路会对原生物种造成伤害。

第三章

沙漠中的人类足迹

人类已经在沙漠中生活了很长时间。例如，生活在约书亚树国家公园里以狩猎、采集谋生者（塞拉诺部落人），能熟练地利用和管理沙漠资源。游牧民族通过放牧以利用不同的地域优势，同时也减轻放牧对单个牧场的影响，就像如今生活在戈壁荒漠里的蒙古游牧民一样。古代的农民（如生活在内盖夫沙漠中的农民）利用新方法获取水源进行灌溉，把沙漠变成了郁郁葱葱的农田。

采矿

　　沙漠的地下藏有水源和矿物。长久以来，人类冒险到沙漠中寻找财富，却忽略了他们对沙漠地貌所造成的影响。16世纪，西班牙人在奇瓦瓦沙漠进行了大规模的采矿。19世纪60年代，淘金者闯入了美国西南部的沙漠和澳大利亚的沙漠。1872年，美国《矿业法》出台，允许移民合法接管印第安部落的土地。美国采矿集团如今仍然可以援引1872年的法律来获得公共土地的所有权。20世纪以来，石油和天然气成为吸引人们闯入沙漠的主要诱饵。

　　生活在沙漠里的古代居民并非一直与沙漠生态系统和平相处，相安无事。当气候条件发生了变化，居民以前的生活方式就变得难以继续，如撒哈拉地区从几千年前有湖泊的绿地变为如今的一片沙漠。有时人类要为自身活动而导致的环境变化负责，如灌溉可能导致土壤盐碱化，使得土地耕种困难，甚至完全无法耕种。这种现象曾经发生在美索不达米亚一个叫马什坎·萨丕尔的城市，它在公元前1720年左右因战争而被废弃。过度放牧会导致一个地区的植物全部消失或者植被类型发生变化，直到最终只有适应性强的山羊和骆驼才能够存活，如今中东国家约旦的部分地区就是这样的状况。

　　在现代，殖民者最初将沙漠视为危险的、退化的土地，之后又把沙漠看作可供开垦的荒地。沙漠被一波又一波矿工、居民和他们饲养的牲畜改变了。人类活动导致外来物种入侵，沙漠丧失生物多样性，生态环境遭到严重破坏。目前世界各地的沙漠都遭到人类活动所造成的破坏。

集约用地

有很多沙漠被用于放牧。游牧可以在给一个地区造成巨大破坏前将牲畜迁移，如果牧群被迫待在同一个地方，则会出现过度放牧的现象。过度放牧不仅会造成植物死亡，还会改变该地区的植物群落类型。牛群的过度放牧会使嫩草减少，使得牧民只能放养那些能吃坚硬植物的强壮牲畜。随着植物的叶子变硬，牧民放牧的牲畜会从绵羊、山羊等最终过渡到骆驼。当原生植物被大量砍伐后，牲畜可能会帮助非本地物种入侵到该区域，就像加利福尼亚州一样，过度放牧导致一种叫黄星蓟的植物入侵该地。

过度放牧还会引起其他的环境变化。在具有隐生物土壤结皮的沙漠中，牲畜踩踏土壤隐生物结皮，使表层土壤更容易受到侵蚀。放牧对河岸生境造成的破坏尤其大。牲畜大量食用河岸植物，会导致重要的物种灭绝。同时，牲畜的生活习性可能导致水温上升，河岸生境也变得不稳定。另外，动物粪便及其携带的细菌，以及从上游肥沃的牧场冲刷而来的化学物质和营养物质，也会导致水体受到污染。

放养家畜常常会影响当地野外生存的物种数量。牲畜会与当地的

当牲畜吃光植物，裸露的地表会升温，导致该地区的降水减少。

食草动物如大角羊竞争食物。牧民为了捕获更多的鹿和兔子等猎物，会捕杀当地的食肉动物如狼和美洲狮；而更多的鹿和兔子会吃掉更多的沙漠植物。有时牧民会通过种植非本土植物来喂养牲畜，甚至为此而大面积清除本土植物。一些非本土物种的引入和迅速繁殖已经对沙漠生态环境造成严重破坏。

> **据估计，19 世纪后期，干旱期间的过度放牧使加利福尼亚州永久放牧潜力降低了一半，而这种影响在沙漠中可能更大。**
>
> ——班布里奇（David A. Bainbridge），《沙漠和旱地恢复指南》作者

沙漠农业本可能是多产而可持续的，也就是说它可以在不造成生态破坏或资源耗竭的情况下持续发展。但沙漠农业也可能不可持续。在缺乏水源的土地上种植农作物失败后，许多农民从此就荒废了他们开垦的土地。这些地区的植被很可能几十年后都无法恢复。如果农民在灌溉农田时不注意，他们的土地就会变成盐碱地。当农民从含水层中抽取太多的水用于灌溉时，地下水位下降，植物的根系就吸取不到足够的水分。

掠夺式开发

农民生计给沙漠留下了沉重的烙印，而近几十年来，大规模开发使人类的足迹遍及更广的区域。随着建筑热潮延伸至沙漠中，荒漠变成了城市和居民区。但在某些情况下，土地已开垦，沙漠已摧毁，计划中的

住宅开发对沙漠生物多样性产生了负面影响。

住宅小区却没有建成。

有些开发集中于从沙漠地底下开采矿石、石油和天然气。开发意味着修建道路、架设电线、布置管道、架空电缆和开挖运河。这些开发破坏了沙漠植被，威胁到野生动物的生存及其迁徙路线，同时也为人类进入脆弱的沙漠栖息地提供了便利，将外来植物的种子带入新的地区。汽车尾气和城市居民生活还会造成污染，如排放的氮、臭氧和灰尘……都可能破坏植被，改变沙漠生境。

发展也给沙漠水源带来了压力。人们从河道和地下抽水以供给不断增多的居民——有时还必须为沙漠高尔夫球场等奢侈项目提供水源。从居民区和工业区排出的废水含有大量有害物质，如含菌粪便、油漆和农药。城市道路的路面和其他坚硬表面会增加径流，导致城市发生严重的内涝。此外，大坝破坏了自然界的水循环系统，而这种水循环塑造了河岸地貌并维持原生河岸植被的生长。

本地管理

在美国西南部和澳大利亚等地，移民驱逐了原住民，改变了沙漠。在被欧洲人驱逐前，曾经有 3 个部落生活在约书亚树国家公园地区，他们是印第安人卡慧拉部落、切梅惠维人部落和塞拉诺部落。原住民不仅从环境中获取资源，他们也努力维护环境使之更加适宜居住。在北美，原住民种植生活需要的植物，包括农作物和灌木。卡慧拉部落人还用火提高椰枣树的产量。澳洲的原住民贡东古拉人也使用火和其他手段。现代资源管理者如今正试图通过利用传统方法来完善他们的管理方案。

越野车

对有些人来说，没有什么能比从狭窄的小路驶入开阔的场地更让人兴奋的了。行驶者可能会驾驶着越野卡车、越野摩托车、雪地摩托或者全地形车上路。20世纪60年代以来，美国西南部的越野汽车数量急剧上升。不幸的是，这一行为对大部分沙漠地区造成了破坏，包括加利福尼亚州大片的沙漠保护区。车辆碾压地面一次，就足以将土壤压实，从而降低土壤储水的能力。即使司机在植物周围转弯，许多沙漠物种，如石炭酸灌木丛，其蔓延较广的根系也会受到伤害。其他看不见的伤害还包括会压死地下洞穴里的动物。越野车已经把一些地区的植被完全破坏了。

荒漠化

联合国认为，"荒漠化不是现有沙漠的自然扩张，而是干旱、半干旱和亚湿润干旱区的土地退化"。荒漠化是由人类活动造成的。在荒漠化的进程中，土地变成荒漠，或者荒芜的土地变成更贫瘠的沙漠。这一过程已经持续了很长时间。例如，几个世纪以前，约旦的部分地区曾存在着植物茂盛的河岸景观，后来它们却因过度放牧而消失了。

植物和隐生物土壤结皮的移除会导致荒漠化。因为如果没有它们将土壤维系在一起，地表土壤就会被侵蚀、剥离。剥离下来的物质还会掩埋其他残存植物而进一步扩大破坏范围。当人们从地下含水层抽水以供农业、工业和居民使用时，地下水位就会下降。地下水位降低可能导致环境缺水，使盐和其他矿物质的浓度增加，随之污染水源和土壤。气候变化引起的气温升高也会导致荒漠化，因为气温升高会加快水分的蒸发。

荒漠化破坏了野生动植物的栖息地，也威胁着人类的生计。土地农作物种植或饲养牲畜的能力也降低了，可供人类使用的水也变少了。据联合国估计，全球有 15 亿人受到土地退化的影响，每年干旱和荒漠化使得 12 万平方千米的土地失去肥力。而且，荒漠化对社会经济地位较低的人会造成更大的影响。

尽管问题严峻，但人们也并非无能为力。沙漠和旱地可以通过人们的努力和适当的技术得以恢复。全球大约有 0.2 亿平方千米的土地具有恢复的潜力。

军事用途

大部分沙漠看起来都是空旷的，它对军事领导者充满了吸引力。例如，美国军方在干旱的西南部建立了基地，训练区和城市一样大，甚至还有核试验场。莫哈韦沙漠中就有占地数百万平方米的军事场所。军事行动和设施建设导致土地退化，沙漠植被遭到破坏，沙漠龟等动物受到威胁。第二次世界大战期间大规模的军事演习在沙漠中留下的坦克轨迹至今仍清晰可见。位于新墨西哥州的"三一"遗址是第一颗原子弹测试的地方，现在是国家历史地标，此地的辐射水平仍高于周边地区。军事建设促进了沙漠及附近大型社群的发展。

凝望沙漠，我们不难感受到与这片土地的联系，并产生一种更强烈的感觉……我们必须为子孙后代保护沙漠，以便他们有朝一日也可以欣赏它的美丽和辉煌。

——老勒瓦斯（Matthew Leivas Sr.），印第安切梅惠维人部落主席，美国原住民土地保护协会创始董事会成员设立国家公园有助于保护沙漠地区。

第四章

保护土地

千百年来，不同的文化团体和组织都设立自然保护区，以保护沙漠中的野生动植物，然而，当殖民者和移民面对沙漠地区时，他们认为沙漠是没有任何价值的荒地，从而导致了沙漠利用缺乏监管的局面。

1872 年，美国国会同意设立黄石国家公园，这一举措激发了世界各国相继设立本国的国家公园。各国开始意识到保护土地（包括沙漠）处于自然状态下的重要性。

保护区的种类

尽管每个国家的保护区都自己命名，国际自然保护联盟仍将保护区划分为几种不同类型。不同程度的保护级别反映了不同的保护目标。最严格的自然保护区和荒野拥有最高级别的保护，旨在最大限度地限制人类活动的影响。其他级别的保护区可能会在兼顾保护生态系统的同时提供一些娱乐项目。有些国家公园和历史遗迹就按照这样的模式发展。有些自然保护区的称号就表明是为了保存一种独特的文化或保护一类重要的生态系统，在这种情况下，植物采摘和动物捕获可能是保护活动不可分割的一部分，此时，管理人员需确保人类这些活动是可控的。

保护区根据人类活动的影响而分为多种级别，人类活动服从于保护区的称号和相关法律。无论土地已被划定为哪类等级的保护区，实际保护行动却经常发生变化。人们依然会为了肆意兜风或偷猎动物而擅自进入保护区内。保护区的保护工作还需要应对诸多威胁，如外来物种的入侵和道路的破坏等。尽管存在各种挑战，保护土地仍是保护工作中最重要的第一步，这项工作阻止土地进一步退化，这样才可能采取更积极有效的措施。2003 年，联合国世界保护监测中心的研究人员发现，14% 的冷荒漠和 21% 的热荒漠及半荒漠都已经设为保护区。

《加州沙漠保护法》

19 世纪，美国政府在没有考虑自然生态系统的情况下，向居民和采矿者开放了美国西部的沙漠。人们赶着牲畜穿越敏感地带，牲畜的践踏使沙漠地表发生了永久性的改变。20 世纪二三十年代，人们越来越担心北美沙漠所遭受的持续破坏，与此同

美国总统卡特（Jimmy Carter）于 1978 年签署了《濒危美国荒野法》。该法
案使美国西部增加了约 5300 平方千米的荒野面积。

时，自然环境保护主义者推动美国和墨西哥政府开展大范围的沙漠保护
行动。1964 年，美国政府通过了《荒野保护法案》，加强了对一些公共
土地的保护，使荒野享有最严格的保护级别。荒野意味着这块土地永远

沙漠荒地展示了独特的景观及历史、考古、环境、生态、野生动物、文化、科学、教育和娱乐价值，数百万美国人在徒步旅行、野营、科学研究和欣赏风景中享用这些价值。

——摘自 1994 年《加州沙漠保护法》

《荒野保护法案》

在认识到保留部分荒野的价值后，美国国会于 1964 年通过了《荒野保护法案》。在美国，荒野享有最高级别的土地保护。虽然人类仍然可以参观荒野保护区，但法律禁止人类在荒野保护区生活或进行其他人类活动。除了一些个例，该法案不允许在荒野内修建道路，哪怕是临时道路。《荒野保护法案》颁布时还即刻指定了 3.7 万平方千米的保护区域。截至 2014 年，美国的荒野面积已增加到近 44.5 万平方千米。

处于自然状态，不受人类活动或开发的影响，只在自然过程中演化。

经过多年的努力和政策调控，在 30 年后的 1994 年，美国政府终于通过了《加州沙漠保护法》，这是对沙漠保护做出的另一重大承诺。这项法案使美国地理位置较低的 48 个州拥有了更多荒野，荒野总面积接近 3 万平方千米，比《荒野保护法案》发布以来任何法案所增加的荒野面积都要多。

《加州沙漠保护法》将死谷和约书亚树国家历史遗址晋升为国家公园，扩大了它们的范围。该法案还设立了由美国土地管理局管理的莫哈韦国家保护区和 69 个新的荒野保护区。建立这些新的荒野保护区的目的，就是为了在国家公园之间架起通道，将保护区连接起来，保证野生动物可以在保护区之间来回活动，从而防止种群孤立。这些新的保护区也保护了数千种沙漠物种如约书亚树和沙漠龟的栖息地。

更新后的加州保护法案会使得保护区之间建立更多的联系，但多次提议未获通过，因此环保人士转而求助于总统而不是国会。2016 年，美国总统奥巴马（Barack Obama）听取了他们的提议，指定了 3 个新的国家保护区，总面积 0.7 万平方千米。它们分别是莫哈韦国家保护区、沙雪国家保护区和城堡山国家保护区。

2017 年，美国总统特朗普（Donald Trump）签署了一项行政命令，要求对 1996 年以来指定的国家保护区进行审查，目的是缩小或削减其中的一部分。人们估计这将危及这些沙漠保护区的未来。不过当地政府对保护区以及保护区内娱乐活动提供的支持，仍然可能保证它们维持正常。

美国土地管理局

美国土地管理局既是荒野保护区的管理者，又是开发景观的管理者。1812 年，美国成立了土地办公室，鼓励人们在政府征用的土地上定居。1934 年，美国成立了放牧服务局。1946 年，政府将这两个机构合并，成立了美国土地管理局。除了荒野和明确规定的保护区，美国土地管理局并不限制他们管理的其他土地的使用。人类可利用它们进行各种活动，包括放牧、采矿，以及在可预见的未来用于太阳能生产。

我们在纳米比亚取得了成功，我们梦想的未来不仅仅只有健康的野生动物。我们知道，如果保护工作没做到努力改善当地人的生活，保护就是失败。

——卡萨纳（John Kasaona），纳米比亚农村发展和自然保护综合部部长

沙漠猎豹

  猎豹是陆地上跑得最快的动物，然而它正在迅速消失。据统计，至 2016 年，世界上只剩 7100 只猎豹。撒哈拉沙漠中 91% 的猎豹已经消失，伊朗境内的猎豹数量不足 50 只。沙漠猎豹在广阔的地区活动，胆小谨慎，这使得对该濒危物种的研究工作变得更为复杂。科学家发现，他们很难确定这种猫科动物的数量和生活方式，必须采用新的技术来监测猎豹，如粪便分析和红外相机抓拍等。基因测试可以让科学家通过测试动物粪便来识别个体，而相机则利用每只猎豹身上都有独特斑点这一特征进行监测。

其他保护区

  纳米布沙漠位于纳米比亚，一个非洲南部的国家，这个国家在土地保护工作方面取得了巨大的成功，全国有 17% 的土地面积处于保护区内。除了国家公园，各社区还建立了许多自己的特有保护区。保护措施使得当地的哺乳动物数量大增，如羚羊、狮子和猎豹等。另外，保护区和旅游业还为当地人提供了就业机会。

  一些政府和社会团体继续设立沙漠和干旱土地保护区。2012 年，尼日尔（一个西非国家），建立了特米特廷投玛国家自然保护区，占据撒哈拉沙漠中 97 000 平方千米的面积，使其成为非洲最大的保护区之一。保护区内野生动物众多，包括一些极度濒危物种，如达马羚和撒哈拉猎豹等。

撒哈拉沙漠覆盖了北非的大部分地区，包括乍得、埃及、阿尔及利亚、马里和利比亚等国的大部分区域。

红雀麦是一种至今仍然困扰着莫哈韦沙漠的入侵物种。

第五章

应对入侵物种

生物总是在有利于其生长、繁殖的区域内活动，但随着航海以及航空旅行活动的兴起，物种比以往任何时候都迁移得更快、更远。许多物种被人类带到了一个新的地方。这些物种到达了一个新的区域，远离了原来生活环境中（维持生态平衡）的捕食者、竞争者和疾病的控制，迅速繁衍生长开来。当这些存活下来的外来物种已经（或预期）对这个新的环境造成危害时，人们称之为入侵物种。

沙漠恶劣的生存条件让许多非本地物种远离，但并非所有的外来物种都不会进入沙漠。在莫哈韦沙漠，大约有 5% 的植物不是原生物种。这种现象在河岸生境中更为严重，因为植物在这里很容易获得充足的水源。有时候，人们会特意引入一些物种，用于农业、园林绿化或防止土地侵蚀。例如，人们种植非洲的一种画眉草，试图修复北美退化的土地，但这种草后来成了入侵物种。大多数时候，入侵物种的引入和扩散是偶然发生的，因为有的物种会搭上交通工具或动物的便车，在施工区域率先引入。

并非所有的外来物种都具有威胁性，玫瑰、矮牵牛花和西红柿等外来物种目前还不会对我们的公园造成威胁。

——仙人掌国家公园

沙漠中的入侵植物不仅会与本土植物竞争稀缺资源，还会改变沙漠环境和生态过程，从而引发一系列的问题。柽柳属植物是来自澳大利亚、非洲和北美的入侵物种，它们会导致地下水位下降和土壤盐碱化。一些入侵的草种还容易引发野火，而本土植物对野火毫无抵抗力。总的来说，入侵物种对其他野生生物的贡献低于它们所取代的本土物种。有时候，像沙漠金雀花（一种灌木）这样的本土物种会通过快速繁殖应对环境对其造成的危害，以回应人类活动对其造成的影响。

保护自然景观需要控制入侵物种。许多入侵物种喜欢已被破坏的区域。因此，如果让一个退化的沙漠进行自我修复，它很可能形成入侵物种占优势的景观。目前管理部门已利用多种技术成功清除了一些沙漠地区的入侵物种。

消灭入侵物种

土地管理人员通过砍伐或连根拔除的方式清除入侵植物。虽然除草剂是环保人士的一个强有力的法宝，但必须谨慎使用。人们可以将除草剂直接喷在沙漠入侵物种（如大芦苇或俄罗斯橄榄）裂开的茎上，以抑制它们继续生长。当一个区域范围太大、人类活动无法覆盖、其他办法很难实施时，人们就可能喷洒除草剂。在河岸地区，管理人员利用洪水来摧毁密集的入侵物种——柽柳。

针对入侵物种，物理防治需要花费大量的时间和精力。存在大量入侵物种的地区需要多次清除才能彻底奏效，因为在这期间会有一些植物重新生长或种子重新萌芽。尽管如此，管理人员持有坚定的信念，认为物理防治方法非常有效，特别是在小面积区域或刚刚有物种入侵的情况下。

绿毛蒺藜草在北美和澳大利亚的沙漠中造成了巨大的麻烦。20世纪初，人们从欧亚大陆和非洲引入绿毛蒺藜草，作为牲畜饲料。经过一

入侵物种的特质

由人类携带到世界各地的所有动植物物种中，只有一小部分会引起大范围的物种入侵问题。不幸的是，管理者无法提前发现哪些物种存在问题。通常情况下，一个外来物种进入一个新的区域，前几十年只是慢慢地扩散，然后数量急剧爆发，但有一些因素的确会增强物种入侵的可能性。入侵物种通常适应性极强，这意味着它们的生存不受太多条件的限制，因而能肆意竞争资源。大多数入侵物种都具有迅速繁殖和生长的特质，因此能快速地占领一个地区。

在沙漠地区，绿毛蒺藜草通过抢夺水资源、增加火灾风险等行为杀死本土植物。

段缓慢的适应期后，这种草开始疯狂蔓延，尤其在公路沿线。它不仅排挤其他植物，甚至还引发大火，焚毁本土植物。而清除这种草的最有效措施是同时采用拔草、放牧和使用除草剂等方法。集中而有效的工作最终将绿毛蒺藜草从约书亚树国家公园、仙人掌国家公园和管风琴国家保护区中清除。

管理者还成功地控制了美国西南保护区里的其他入侵物种。2010 年，仙人掌国家公园曾报道称，公园已经根除了一些入侵物种，如巨型甘蔗、普通燕麦、旱雀麦、西瓜、非洲雏菊、亚麻、绿花海桐，羊舍树和两种非本地的仙人球，但其他不少入侵物种仍然存在。

生物防治

生物防治就是利用生物来对付有害物种，比如瓢虫，它们是啃吃庄稼的蚜虫的天敌。不过，当管理者引入一种新的外来物种来控制入侵物种时，必

引发火灾的草

虽然沙漠很干燥，但因为缺乏足够的有机物质作为燃料，大多数沙漠并不容易着火。即使有一株植物着火了，火势一般也不会蔓延。不幸的是，像红雀草、旱雀麦、绿毛蒺藜草等入侵草种改变了这一模式。它们充满了沙漠植物之间的空隙，在干旱时期，它们像火把一样，能让一个火星燃成熊熊大火。在莫哈韦沙漠和索诺拉沙漠中的原生物种还没有进化出抵御野火的能力，而入侵植物的根系却能在大火中存活下来，所以，大火还促进了这些外来物种的生长繁衍。

须采取预防措施。否则，引入的外来物种有可能成为新的入侵物种。预防措施可以是在引入外来物种时进行检测，以确保它们不会对原生物种造成影响。另外，要想成功防治，引入的外来物种还必须繁殖得足够快，这样才能起到抑制入侵物种的作用。

检测用于生物防治目的的引入物种既昂贵又费时。然而，一旦这项初始工作完成，引入的物种可能在野外形成一个能自我维持的种群，在不需要太多人工辅助的情况下继续发挥作用。面对上万平方千米土地上的入侵物种，生物防治是管理者用于平衡失控外来物种的一个强有力的工具。

19 世纪初，欧洲人把兔子放生在澳大利亚的荒野中，进行打猎游戏。兔子在那片土地上大面积繁衍，很快适应了沙漠和澳大利亚的其他栖息地，数量达到数亿只。这些兔子吃光当地的植被，甚至导致新沙漠的形成。原生植物种群锐减，而当地动物不仅要与入侵者竞争食物，而且还可能被越来越多的肉食性入侵者吃掉，如以兔子为食的野猫和狐狸。因此，在竞争和捕食的双重影响下，一些原生物种濒临灭绝。

兔子影响了澳大利亚沙漠的生物多样性。

生物防治的历史

生物防治方法的尝试随着新物种的肆意破坏而告终。20世纪70年代，为控制美国东南部的蚜虫，亚洲瓢虫被放生到该地区，它们大面积扩散，威胁到了本地瓢虫种群。同时，为了控制外来物种蓟而引入的象鼻虫，现正将北美本土的蓟推向灭绝。即使采取最严格的预防措施，意外也可能发生。历史上，科学家做好了充分准备，但还是引发了兔出血症病毒的事故。一旦引发事故，用来防治的物种就可能会以意想不到的方式影响生态系统，因此，科学家们必须始终权衡利弊。

人们曾试图通过修建数千米长的兔子围栏和摧毁兔子窝来遏制它们对栖息地的破坏。1950年，科学家们采用了一种生物防治办法——利用黏液瘤病毒摧毁兔子。这种病毒最初使用时很有效，但因为病毒需要蚊子传播，而干旱地区蚊子很少，因此这种方法在干旱地区效果不佳。随着兔子对黏液瘤病毒产生抗药性，科学家们开始测试其他可用于防治的病毒，如兔出血症病毒。

1995年，当在澳大利亚附近的一个岛屿上开展的实验还没有完成时，苍蝇偷偷地将兔出血症病毒带到了澳大利亚大陆。不过，这一生物防治事故的结局却是好的。病毒在澳大利亚的兔子种群中迅速传播并进入了沙漠地区，原生植被和大型的本地食草动物（比如袋鼠）的数量开始恢复。20年后，科学家发现沙漠中脆弱的种群如暗黑弹鼠、伪鼠和蓬尾袋鼬等的数量急剧增加。诱捕调查结果显示，它们的上升数量与新病毒的增多是一致的。

19 世纪 50 年代，欧洲移民为了开展猎狐运动，把狐狸带到了澳大利亚。

环境背景状况

一个物种可能在一个地方解决环境问题，却也可能在另一个地方引发环境问题。例如，仙人掌螟蛾曾经参与了历史上最成功的一起环境保护事件：澳大利亚防控刺梨仙人掌繁殖事件。最初，人们为了农业发展引入了刺梨仙人掌。到 20 世纪初，刺梨仙人掌的种群迅速蔓延，已经侵占了数百万公顷的森林和草原。20 世纪 20 年代，科学家们通过引入各种昆虫来加以控制，其中包括一种仙人掌螟蛾。这一策略有一定的成效，虽然这种昆虫在最干燥的条件下不能很好地发挥效果，但刺梨仙人掌的数量大幅减少了。如今仙人掌螟蛾已经扩散到了佛罗里达州，管理者担心它们会进入北美的沙漠。但幸运的是，仙人掌螟蛾可能无法在沙漠中存活。

生物防治也成功应对了沙漠入侵植物。20 世纪初，蒺藜进入美国的沙漠。20 世纪 70 年代开始，美国人引入了以蒺藜种子为食的象甲，使蒺藜数量降低到了较低水平。虽然人工和化学防控方法对清除约书亚树国家公园内的柽柳有效，但在其他地区，这种入侵物种造成的影响已完全失控。后来科学家们找到了另一种有效的生物防治方法——利用柽柳树叶甲虫。从 2001 年开始，科学家们在美国西部 6 个州的 10 个地点投放了 4 种同类型的甲虫。

这些甲虫成功地扩散开来，使柽柳树叶凋落。然而这又使得科学家们开始担心美国西南部本土的一种濒危动物柳树鹟，因为它们在柽柳上大量筑巢。幸运的是，到 2010 年，这种鸟又大量地回到本地柳树上筑巢了。

当柽柳这样的入侵物种大量死亡后，它们又给新的入侵物种腾出了空间。为了恢复原生物种或本地的生态功能，环保人士通常把生物防治和其他管理措施结合起来。

希望的曙光

虽然入侵物种已经从一些大面积的区域中根除或被控制，但它们仍然侵扰着众多其他地区，大量的入侵物种仍然存留在那里。短期内这些地区可能仍然需要进行管理，以确保原生物种能长期存活。最终，本地的捕食动物可能进化出捕食入侵物种的能力，本地物种进化出与外来物种竞争的能力。在莫哈韦沙漠，人们建立了合作杂草管理区，在那里，管理人员可以辨认出区域内的外来物种，并根据其构成威胁的严重程度确定优先控制物种的种类。

科学家们也在关注新的问题。当一个物种被认为可能是一种威胁时，管理人员就开始监控小规模侵扰的新物种，并在其种群数量可能变得过多而无法控制之前采取行动。环保人士也会告知公众，种植哪些外来物种可能会引起危害。政府也会限制或者禁止某些入侵植物，以防止它们扩散到新的地区。通过努力的工作、公共的教育和监督的实施，土地管理者可以继续抵制外来物种入侵世界各地的沙漠。

在环保人士找到让加州秃鹰回到原
来生活环境的办法后，它们的数量
有所增加。

第六章

恢复沙漠生物多样性

不受管制的狩猎、栖息地丧失、过度放牧、物种入侵、污染以及车辆通行……都威胁着沙漠的生物多样性。生物多样性是指生物间的差异，包括不同物种之间的差异和同一物种内部的遗传变异。丰富度是与之相关的一个术语，指存在于某一地区内所有物种的数量。生物多样性的丧失不仅仅是指个别物种的灭绝，还包括物种失去了遗传多样性，从而失去了能适应不断变化环境所需要的基因。一个物种消失可能会影响到其他许多物种，因为沙漠生物之间通常已形成复杂的食物链。举个例子，加州南部的沙居食蝗鼠捕食各种猎物，如节肢动物和以节肢动物为食的蜥蜴，而这种老鼠则会被土狼和猛禽等食肉动物捕食。

沙漠的生物多样性丰富程度令人吃惊。世界上 12% 的生物多样性最丰富的地区都集中在沙漠。科学家认为，恶劣的沙漠环境给物种进化提供了绝佳动力，让物种拥有了自己独特的适应能力。例如，据 2016 年统计，非洲萨克伦特克（意思是多肉植物之乡）沙漠中有 4850 种不同种类的植物，其中 1490 种是当地特有物种。

长期以来，生物学家一直把沙漠视为大自然的实验室，自然选择在这里展现得淋漓尽致。

——华德（David Ward），《沙漠生物学》作者

尽管人类的行动已经威胁到世界各地的生物多样性，但有些人在努力扭转这一局势。当人们行动起来，保护土地和控制入侵物种时，本地生物多样性就会受益，但为了维持多样性，有些物种的存活仍需要人为的直接干预。环保人士已经成功拯救了一些处于困境中的种群，如阿拉伯大羚羊。另外，为了不让沙漠大角羊一类的物种灭绝，人们也一直在努力消除威胁。

恢复灭绝物种

由于各种环境因素的影响，大部分物种总会走向灭绝，而近年来人类活动引起的环境变化加快了物种灭绝的速度。野生动物灭绝后通常是无法恢复的，但也有例外。有些物种在野外灭绝了，但经过多年圈养、繁殖后又重回野外。这其中包括几种生活在沙漠中的动物，如阿拉伯大羚羊，也包括短期生活在沙漠中的动物，如加州秃鹰。

阿拉伯大羚羊是生活在非洲东北部阿拉伯沙漠里的中型羚羊。20 世纪 70 年代，人类的狩猎行为使这一物种在野外环境中灭绝。幸运的是，这种羚羊在动物园的圈养环境中幸存下来。于是环保人士开始了圈养繁殖计划。终于，在野外阿拉伯大羚羊灭绝 10 年后的 1982 年，10 只人工圈养的羚羊被放生到阿拉伯半岛上的阿曼地区。后来，该项目随着以色列、沙特阿拉伯、阿拉伯联合酋长国和约旦重新引

生物多样性保护区

保护土地也意味着保护生物多样性，此时保护区的设计规划会影响其作用的发挥。有时，保护大量物种最有效的方法，是保护一种分布范围最广的物种的栖息地，比如生活在沙漠中的大象。据推测，保护一大片足以容纳大象的栖息地，与保护众多面积较小的保护区相比，能带来更丰富的生物多样性。生物多样性包括物种的遗传多样性以及物种多样性。与可以相互交配繁殖的大种群相比，那些小而孤立的种群更容易失去它们独特的遗传基因。为了保证基因流动，环保人士还必须考虑连接各保护区的走廊带的保护工作。

国际地位

世界自然保护联盟的红色名录是记录全球物种保护现状的名录。当物种处于危急情况下，它们就被归类为极危、濒危或易危物种。而种群较稳定的物种可能被评估为接近受危或略需关注。虽然世界自然保护联盟的名录不具有强制性，但它却指导着全球动植物的保护工作。法律保障了保护工作的有效开展。《濒危物种保护法》是保护受到威胁和濒临灭绝物种的法律，美国据此列出的大多数物种，都避免了受到威胁和濒临灭绝的境地。

入该大羚羊物种而扩大。2011年，大约有1000只羚羊生活在野外自然环境中。这意味着，在其野外灭绝的41年后，该物种的野外种群已经恢复，数量已足够保证其在世界自然保护联盟的名录中从濒危级别降为易危级别。

加州秃鹰是北美地区最大的猛禽，它们是绝对的食腐动物，以前常常在美国西南部的海岸和沙漠中觅食。秃鹰因与人类发生冲突而数量急剧下降。人们射杀它们并抢走它们的蛋。有许多秃鹰因撞到电线而死亡，或误食了诱捕土狼陷阱里的氰化物或尸体里的铅弹而被毒死。

幸运的是，环保人士意识到了秃鹰所面临的困境。为了拯救这种猛禽免于灭绝，游隼基金会开展了一项秃鹰繁殖计划。1987年，生物学家捕获了最后一只野生的加州秃鹰（此时南美洲还有安第斯秃鹰的踪迹）。5年后，游隼基金会将圈养成功的加州秃鹰放生到亚利桑那州地区，加州秃鹰又一次自由地翱翔在北美上空。到2016年，加州秃鹰的野生种群数量增加到了276只。

阿拉伯大羚羊的体重可达 90 千克。

精心安排的一场放生

对于管理人员来说，放生圈养的动物面临很多问题，因为这些动物很可能不知道如何在野外生存。圈养的秃鹰甚至没有父母来教它们如何狩猎或躲避危险。为了加快秃鹰的繁殖速度，洛杉矶等地动物园的饲养员们每年都会从一对秃鹰那里取走一枚蛋，进行人工饲养。为避免人工喂养的秃鹰只认识人类而不认识同类，饲养员用两只木偶秃鹰来充当小秃鹰的爸爸和妈妈，但很不幸，与秃鹰父母养育的相比，这些人工饲养的秃鹰缺乏社会性。在幼鸟放归野外前，饲养员让它们与成年秃鹰共同生活一段时间。一旦小鸟可以自由飞翔，在它们学习独立生活的过程中，生物学家还必须为它们提供药物和食物。

20世纪初，当叙利亚野驴因过度捕猎而在野外环境中灭绝后，由于科学家们没有圈养物种可用于人工培育，最后叙利亚野驴真的灭绝了。叙利亚野驴是亚洲野驴的亚种。亚洲野驴是马的近亲，虽然它也面临着巨大威胁，但圈养和野生种群仍然存在，从1982年开始，生物学家在圈养条件下培育出了其他的野驴亚种。当培育出了足够数量的野驴后，生物学家把它们放生到原来叙利亚野驴生活的空旷环境中。到2016年，内盖夫沙漠中大约有250只野驴。

在管理人员干预之前，沙漠大角羊也朝着阿拉伯大羚羊和叙利亚野驴一样的结局发展。沙漠大角羊是大角羊的亚种，大角羊适应了美国西南部干旱的山区。20世纪初，人类狩猎和栖息地的丧失，使得大角羊从几十万只锐减到约15 000只。

多亏了环保人士，大角羊才没有在野外灭绝。新的国家公园的建立意味着大角

沙漠大角公羊卷曲的犄角
在其一生中都在生长。

羊群获得了法律保护。政府机构从稳定的大角羊种群中选出几只，把它们放生到之前大角羊没有生活过的区域中。人们还饲养并放生圈养的大角羊，以提高野生大角羊的数量。尽管仍然面临威胁，但大角羊的种群已经恢复。家畜会与大角羊竞争食物，但家畜面临着另一个问题：疾病。野生的和家养的动物可能通过接触而相互传播危险的呼吸道疾病。在一些地区，人们禁止牲畜的放牧，从而保护野生大角羊。

保护濒危物种

在美国，《濒危物种保护法》保护那些已确定为濒危物种或濒临灭绝的物种。该法案还要求美国鱼类和野生动物管理局为濒危物种制订恢复计划。保护一个物种必须保护它的栖息地，这一行动也使同一栖息地内的其他物种受益。

1995年，由于栖息地的丧失，美国政府将生活在西南部的纹霸鹟列入濒危物种名单。纹霸鹟在北美的河岸地区繁殖，然后在中美洲过冬。经过人们的努力，如今适合它们生活的河岸地区得到恢复，纹霸鹟种群开始缓慢增长。2008年，生物学家在犹他州华盛顿郡进行监测，当时只发现了8对具有繁殖能力的纹霸鹟；但在2014年恢复河岸生境后，他们发现了13个完整的巢穴。私人土地所有者通过参与美国农业部实行的野生动植物合作用地项目，为纹霸鹟恢复了数千公顷的河岸栖息地。

有两种沙漠龟生活在莫哈韦沙漠和索诺拉沙漠中，它们漫长一生中的大部分时间都在地下度过，但这并没有使它们免遭人类改造沙漠所产生的影响。土地开发、过度放牧、交通工具、疾病，还有人类的捕捉，导致它们的数量急剧下降。莫哈韦沙漠龟已被列为濒危物种。

乌龟的寿命太长了，我们认为它可以活 100 年，所以我们所做的一些事情的积极效应可能暂时还看不到。

——伍尔德里奇（Brian J. Wooldridge），美国鱼类和野生动物管理局内致力于沙漠龟保护的生物学家

管理方案和法律的出台保护了这一物种，环保人士也一直致力于限制越野车辆进入栖息地，以及在乌龟栖息地附近放牧的行为。限制人类使用沙漠土地的政策也使得其他生物受益。另外，乌龟挖掘洞穴，而这些洞穴会成为其他沙漠动物的居住场所，同时促进氧气和水分进入深层土壤。

有一个物种因擅长改善环境而特别出名，那就是河狸。通过筑坝控制水流，河狸扩大和改善了河岸生境，造福了其他沙漠物种。虽然河狸并没有被列为濒危或濒临灭绝物种，但在过去，人类捕猎和诱捕导致的后果使它们不再在美国西南部发挥重要的作用。河狸数量的减少破坏了溪流的稳定和养分的循环。现在，科学家们正在亚利桑那州的圣佩德罗河和墨西哥的索诺拉等地进行河狸的恢复工作。在那里，河狸还可以为增加鸟类生物多样性和提高水流量作出了贡献。

美洲狮又称山狮。

未来的希望

虽然一些沙漠物种已经从濒临灭绝的边缘拯救了回来,但它们的未来仍然需要人类的积极管理和监督。偷猎使本已恢复了种群的阿拉伯大羚羊在当地灭绝。野外的加州秃鹰仍然必须定期接受检查治疗,以预防由弹药或其他原因造成的铅在体内富集，否则其种群可能会再次面临灭绝。不过，随着保护工作的继续进行，这样的动物将会继续在沙漠中生活。

尽管给自身带来新的挑战，有些动物种群已经开始自行恢复。在北美，美洲狮和黑熊重新占据了之前的部分领地，包括沙漠地区。但是，当这些大型食肉动物进入不再是其领地的区域时，它们可能会与人类及圈养家畜发生冲突。美洲狮甚至会威胁到像沙漠大角羊这样的濒危种群。因此，适当的管理和公众教育将有助于维持和平。

对一些本地动物来说，环境开发既给它们创造了机会，也带来了威胁。例如，城市郊区一般会有大量的水以及各种食物来源。人们发现，在美国西南部沙漠边缘的鹌鹑、哀鸽、林鼠和棉尾兔的数量，明显高于荒凉的沙漠地区。

疯狂的渡鸦

在美国西南部，渡鸦从人类活动中获益。它们会利用灌溉水，善于在人类生活区域里寻找到丰富的食物：在垃圾桶、垃圾填埋场里觅食，吃路边被车辆撞死的动物。大量的电线为它们提供了更多的筑巢地和捕食驻足的场合。不幸的是，这种食肉动物数量的增加给其他本地物种带来了更大的生存压力。最严重的是，渡鸦会杀死幼小的沙漠龟。环保人士呼吁人们把垃圾放到安全的地方，禁止开挖人工池塘等水源。

当河岸生境恢复后，生物多样性得到保护，自然资源也变得更为丰富。

第七章

恢复沙漠

人类的沙漠活动为沙漠土壤退化埋下了祸根，比如，过度放牧导致土地退化；为了开采地下矿物而层层挖土，最后遗留下采矿坑。人们有机会恢复这些被改变了的生态系统，但因预算不足、人力资源和时间有限等原因，公园和保护区管理人员开展的沙漠恢复工作受到了限制。一些恢复项目可能由环保人士、社会团体以及一群对沙漠生态系统感兴趣的人士合作完成。

由于沙漠地区的资源稀缺、条件艰苦，加上许多植物生长缓慢，所以沙漠自身的恢复过程也极其缓慢。在过去的几百年里，一些已发生

恢复生态学

　　恢复生态学是生态系统研究的一个分支，涉及利用生物和物理干预的方法，使退化的土地恢复到自然状态的科学。土地恢复的益处显而易见，但研究生态系统恢复的益处却很难直接体现。例如，人们发现，沙漠中人工种植并喷淋浇灌的幼株通常不可能长大，因为沙漠很干燥，其他植物大多处于休眠状态，食草动物只能吃人工种植的植物。通过观察和研究这类问题，科学家们开始采取更为有效的方法，以恢复生物多样性并形成健康的生态系统。

的变化是不可逆转的：一些动物已经灭绝，多种非本土植物只能控制其生长而无法根除，原住民被迫离开之前居住且赖以生存的沙漠地区。不过这种情况可以有所改善。环保人士经过艰苦的工作和反复试验，找到在被破坏的土地上恢复本土植物和生态系统的方法。

恢复土地

　　土地恢复不仅仅是增加地表植被，其最终目的是恢复已退化土地的生态功能。生态系统功能也称为生态系统过程，是指生态系统中进行的所有生物、化学和物理过程。这些过程促进营养物质和水分的循环，并为生物提供栖息地。当自然功能恢复到一定程度时，自然环境本身可以帮助保护和改善沙漠的状况。

　　理想的土地恢复方案包括几个步骤。在确定一个待恢复区域后，项目负责人首先考虑该区域的地形。例如，他们会研究场地周围的土地类型，水流情况，场地本身的条件……以及其他一些保护或恢复工作的优先顺序。管理人员可以通过关闭周围道路和设置障碍来阻止外来的干扰。修复计划首先应该清除区域内现有的入侵物种，因为在一个待恢复的生态系统中，带有侵略性的入侵物种数量很可能超过本土物种。而且，即使经过初步处理，土壤中还可能潜伏着伺机萌发的入侵物种。

风和雨会严重侵蚀失去了植被和富含微生物的土壤结皮的土壤。洪水冲刷会形成沟壑，当再次降水时，地表沟壑可能导致洪水泛滥，冲走土壤、种子和植被。在大的沟壑形成之前采取预防措施，比之后再进行填埋容易得多。管理者可以通过改变地形、增加围栏和水坝等障碍物来控制水流及其侵蚀。采取保水措施可以促进植物生长，有助于加快沙漠恢复的速度。因此人们有时会挖一些积水坑，以保住水分、种子和土壤生物。

道路和小径

道路在土地恢复过程中显现的一个优势是：与一大片开阔区域相比，让沙漠原住民更愿意生活在一片狭长土地上。其生活地周围的沙漠更靠近裸露的土壤，这使得种子和孢子不必长途跋涉就能扎根，但道路也带来了挑战。交通运输破坏了土壤表层，压实了地面。一旦道路建成，即使在土路被封闭的情况下，人们也不会被阻隔，越野者尤其喜欢小路。因此，土地管理人员重点关注隐蔽的交叉路口。采用垂直覆盖、砾石覆盖和种植植物等办法掩盖路口。

环保人士尝试在河岸栖息地种植三角叶杨。

本土植物不仅有观赏价值，它们还能塑造环境生态，如拦截由大风和雨水带来的土壤等资源。植物可为动物提供重要的栖息地。人们可以从即将开垦建设的沙漠中把原生植物抢救出来。抢救工作可以使该植物免遭破坏，在另一个地方得到恢复。移植可能花费巨大，但可以很快产生效果。

人们在苗圃培育种子，直至它们长大到足以在沙漠环境中生存。无论种植的是种子、幼苗还是成株，种植工程都必须为植物的生长提供足够的水。远程灌溉既困难又昂贵，但环保人士已经研发出相关技术来解决这一问题。有些恢复方案仅仅利用收集的雨水，另一些方案则要求建立灌溉系统，或者在土壤中添加人造材料，以吸收和释放水分。

　　管理者可以通过创建资源岛，保证沙漠更进一步的自我修复。在完整的沙漠环境中，灌木下的土壤肥力较高。1970年前后，在洛杉矶附近实施的一个修复项目中，本土植物的种植成功率普遍较低。20年后，灌木成长形成了原生灌木植被岛，灌木的根系深深扎入土壤，把土壤连在一起，保证水更容易储存于地下。沙漠中灌木的树干和树冠可以防风，并拦截空气中飘浮的土壤颗粒。同时，种子也更容易在土壤中扎根，并利用灌木提供的阴凉环境和水分。沙漠动物亦是如此。

　　人们已经发明了许多方法来扩大种植面积或帮助沙漠自我修复。在中国，几

土壤修复

　　土壤的特性会影响土壤修复工程的成败。尽管控制土壤侵蚀可以使得土地获得微生物以及供微生物生长所需的土壤，但活体土壤结皮和其他土壤微生物难以恢复。管理人员开发了将微生物添加到土壤中的技术，而更有效的技术是让植物根系与添加的土壤微生物形成共生关系。人们也可以把生物土壤结皮移植到别的地方，让其繁殖扩散。修复项目还可以把活体土壤结皮覆盖到需要修复的土壤表面，从而增加土壤恢复需要的有机质。

十年来，管理者一直采用种植防风固沙林的办法来保护沙漠中的原生灌木，成功地将铁路沿线地区的植被恢复起来。40 年后，在腾格里沙漠开展的一项研究发现，该地区的土壤表层有健康的隐生物土壤结皮。

如果我们要保护原产于亚利桑那州东南部的 600 种蜜蜂，我们知道的唯一办法，就是保护它们所生活的栖息地。

—— 普利亚姆（Ronald Pulliam），"边缘地带恢复项目"创始人

与灌木和乔木相似，插条可以保持土壤和留住种子，同时增加渗入地下的水。环保人士还利用秸秆为本地蜜蜂筑巢创造栖息地，并专门种花来培育生活在沙漠中的授粉者。

开垦河岸地区

健康的河岸地区是沙漠生态系统中植物和动物所需的重要资源。茂密的植被为筑巢的鸟类等提供了充足的遮蔽和繁殖栖息地。在莫哈韦沙漠，河岸栖息地是联邦政府列出的几个物种的家园，如阿罗约蟾蜍以及莫阿河图伊库布的一种鱼类。恢复生态系统对当地的生物多样性大有益处。

恢复的河岸地区除了为动植物提供栖息地外，还发挥着生态功能。它们可以净化水，减少侵蚀，减弱洪水的破坏性。人类活动极大地影响了河岸栖息地，但湿润的河岸条件使其恢复进度比开阔的沙漠更容易、更快。然而沙漠里的洪水暴发会破坏恢复中的植被，因此，水对于沙漠生态恢复既是机遇，又是挑战。

利韦宁溪流入莫诺湖。

　　由于人类极大地改变了流入和流经河岸地区的水流，因此恢复水流是许多地方恢复工作的开始。利韦宁溪位于加州大盆地沙漠，一场诉讼使得原本用于洛杉矶市水力发电的水又重回小溪，而这将有助于植被的恢复。

　　管理人员通过控制水位的变化来使其发挥生态功能。加州欧文河流域的管理人员利用洪水培育了本地植物群落。一次洪水可以使河边的土壤更加肥沃，而随后多次的洪水则又传播了当地的种子，并促使它们萌芽。当牲畜被迁出一个地区或者用栅栏围起而远离水域时，河岸地区也能自行修复。

当允许牲畜自由靠近溪流和泉水时，它们更愿意待在溪流和泉水周围。这种行径会破坏溪流，阻碍植物生态的恢复。当放牧压力缓解后，以前泥泞的小径变成了绿色的丝带。犹他州自然历史博物馆的研究人员进行了一项研究，他们考察50年来大盆地半干旱地区中的一个封闭河岸区域，发现它与附近的放牧地区相比，其中的植物和小型哺乳动物更具多样性。即使河岸地区允许的放牧时间仅限于早春时节，植物的恢复也会受到显著的影响。

就像在开阔的沙漠一样，河岸地区的有效恢复方案通常也涉及各种技术。人们必须控制各种入侵植物，如罗望子、巨型芦苇和沙枣。管理人员使用人工方法和除草剂，不过，有时在河岸地区适度放牧或适度放火，对其恢复也有所帮助。

虽然长势良好的河岸植物能防治河岸侵蚀，但侵蚀一旦发生，就可能会破坏甚至摧毁那些生长中的植物。通过重塑土地和修建水坝，人们可以控制侵蚀的发生。此外，美国西南部的河岸种植园可能需要保护，以免被牲畜、麋鹿或海狸侵袭。

河岸恢复可以产生令人瞩目的成效。2012年，墨西哥和美国两国政府达成协议，允许部分水流供农场和城市使用，而不像之前一样直接流向科罗拉多河三角洲的部分地区。几个月内，在一个面积达 100 公顷的土地上，种植的树木长得比人还高，吸引了大量的候鸟和食肉动物。

恢复沙漠

越来越多的沙漠地区需要恢复，但这并不是优先考虑的问题。首先，人们并不能确认哪些是有恢复潜力的沙漠。美国政府机构修复了一些河岸地区，然后带着农场主前去察看效果。农场主们惊讶地发现，之前裸露贫瘠的土地，如今是一片郁郁葱葱的景象。

越来越多的人开始意识到，植物（包括农作物）的水分控制和授粉这类生态功能极其重要。志愿者、环保人士以及非营利组织的工作人员致力于在更多区域内种植本土植物，同时控制外来物种的入侵。通过教育，也许会有更多的人加入这支队伍，将恢复工作扩展到更多需要帮助的沙漠地区。

扦插

人们可以在苗圃里种植乔木和灌木，然后将它们（包括根）移植到一个待修复地区，但对于一些生长迅速的乔木来说，包括三角叶杨和柳树，使用扦插的方法会产生更好的效果。冬天的树木处于休眠状态，树身上有许多干树枝。人们把最顶端的两根留下，然后剪掉其余的枝干。剪下来的树枝先放在水中浸泡，然后插在水源附近的地面上，它们会长出新的根和叶。

全球各地都有人类在沙漠环境中
生活繁衍。

第八章

可持续利用

全世界各地都有人类依赖着沙漠而生存。据联合国统计，世界上大约有三分之一的人类生活在干旱地区，其中 5.8% 的人生活在沙漠和半干旱地区，而且不会离开那里。虽然人类利用沙漠资源的行为会阻碍其完全的恢复，但这并不意味着人类忘记了对沙漠的保护。人类可以通过改变水、土壤和其他自然资源的利用方式，减少资源浪费。现代农业管理还可以借鉴传统和古老文化中关于生态资源管理的有效模式。

土地所有者可以成为保护工作的强大盟友。荒漠化不仅危害人类社会，也对自然环境造成破坏。健康的生态系统会增加土壤的肥力，提高本土植物群落的生产力。

复合农林业

　　复合农林是一种将粮食生产与木本植物（可能包括灌木）种植结合起来的生态系统，农林复合不仅仅指有树木的牧场。农场主或牧民必须有意识地规划和管理农业和林业两个方面。干旱复合农林系统的例子有：在以色列内盖夫沙漠间种橄榄树和谷类作物；或在印度的塔尔沙漠里，在豆科灌木丛中小心地放养山羊。将河岸地区的树木移植到以前放养牲畜或种植农作物的地方，使农业用地恢复为河岸生境，那么这也属于复合农林业的一种形式。复合农林业可以防治荒漠化，保护自然资源，为野生动物提供栖息地。

　　正如自然界对人类有益一样，人类活动有时也有助于保护生物多样性。良好的放牧管理可以为野生动物保留栖息空间，农林复合技术可以防治土壤侵蚀造成的破坏。农业科学家正在寻找其他方法来减少农业对资源的消耗和对周围环境的破坏。

与当地人合作

　　自然保护的成本昂贵，政府的预算也有限，而利用当地传统生态的理念，保护工作则可以由生活和工作在当地的人们进行。目前已有一些项目开展起来，为当地人提供培训、专业技术和设备，同时让他们在社区中传播这些方法。农民可相互学习，相互帮助，他们比外人更值得信任。

　　澳大利亚的土地保护就遵循了这种社区保护模式。该项目使地区在政府资金有限的情况下，实现了土地修复的目标。当地人已经建立了 4000 多个社会团体，超过 40% 的澳大利亚农民参与其中。牧民和农场主也可以获得由"绿化澳大利亚"组织提供的信息服务。他们利用培训所学到的技术，种植当地原生植物、管理自己的土地资源。他们所关注的地域，远远超出了政府所关注的那些公共土地。

入侵物种对农田、牲畜和本土物种都造成巨大的破坏，这促使当地农民和环保人士自发地联合起来开展工作。然而，当保护的目标与土地所有者的利益发生冲突时，保护工作的开展就增加了难度。虽然工作会更难开展，但实现目标并非不可能。比如，在非洲南部的卡鲁沙漠，养羊的农民曾一度捕杀当地羊的天敌，因为人们也容易受到食肉动物（尤其是黑背胡狼）的袭击。黑背胡狼是食肉和食腐动物，从昆虫到搁浅的海洋哺乳动物，什么东西它都吃。

健康生态系统的价值

改变人类土地利用方式，从而造福生物多样性时，人类社会也会从中获益。功能性生态系统有助于抵御洪水，而数量合理的捕食动物也有助于消灭农业害虫。如果环境中没有生物提供授粉服务，许多作物将难以结出果实和种子。另外，不为人们所关注的是，健康的沙漠环境还可以为游客提供娱乐甚至反思的机会。

现存的有害动物和杂草问题是无法消除的，要利用新的方法来进行联合治理。让那些受到影响的人们采取行动是成功的关键。

——伍尔诺（Andrew Woolnough），澳大利亚维多利亚州政府

83

黑背胡狼可以在不同的栖息地生活，比如林地草原和海岸沙漠。

卡鲁沙漠的农民越来越倾向于采用非捕杀的方法来控制黑背胡狼这种食肉动物的数量。人们对保护生物多样性和保护绵羊同样感兴趣，他们认识到，胡狼永远不会被彻底消灭，而捕杀它们有时会失去更多的羊，原因很有可能是胡狼提高了自身的繁殖能力。为了科学合理地解决农民与食肉动物之间的矛盾，研究人员与牧羊人共同启动了"卡鲁食肉动物项目"。农民活捉自己土地上的这种食肉动物供研究，研究人员则据此了解关于当地食肉动物的迁徙规律和食性特征。农民因此也有机会与这些原生动物形成一种新的关系。

沙漠园艺

生活在干旱地区的人们也可以种植需要灌溉的植物，但他们越来越多地选择沙漠植物。因为沙漠物种需水量少，因此留给自然环境的水就多。虽然非本地植物也可以在沙漠中生存，但本土植物已经适应了环境和授粉者，成为有害植物的可能性更小。虽然与大型的修复地相比，小型花园提供的生态系统功能有限，但它们很有可能成为本地野生动植物的栖息地。本地花卉可以为授粉者提供花蜜和花粉，园艺工作者应该在苗圃里培育这些植物，而不是从沙漠中移走这些植物。

城市发展对沙漠的保护工作提出了
挑战。

第九章

未来的沙漠

世界各地的沙漠的未来取决于土地所有者、公共管理者或保护土地管理人员，以及全球的发展和气候变化的趋势。一些地区已经在抵御物种入侵、恢复生物多样性等方面取得了重大进展。一些外来物种已经从约书亚树国家公园这样的广阔区域中清除，一些如阿拉伯大羚羊等濒危动物也从灭绝的边缘被拯救了回来。

挑战仍然存在，入侵植物仍然侵扰着大片地区，研究人员正在研究新的技术来对抗它们。人类文明的不断扩张给自然水资源带来压力，导致城市缺水和国家间的冲突。开发——包括建造大型风车和太阳能装置——正在吞噬沙漠土地。

太阳能和风能是可再生能源。

此外，全球各地的栖息地正面临着一个巨大的威胁：气候变化。人类活动（如建造垃圾填埋场和燃烧化石燃料）将过量的温室气体排放到大气层中，在那里，大气吸收的热量越来越多，导致全球气候变暖。在极端气候条件下，沙漠是最易受气候变化影响的生态系统之一。沙漠生物往往生活在沙漠的边缘，依靠着极易被破坏的稀缺资源生存。

不断变化的气候

地球气候是不断变化的。在 1.15 万年前结束的最后一个冰河时代，这颗行星看起来与现在截然不同：寒冷覆盖着北美和欧洲的大片区域，而如今，当时的森林已变成沙漠。冰河时代结束后，全球气候发生了翻天覆地的变化，形成了如今的地球面貌。

沙漠中的可再生能源

气候变化的挑战推动了可再生能源项目的实施。沙漠以其广阔无垠吸引着人们，尤其是它拥有的丰富的太阳能和风能。虽然可再生能源通常被称作绿色能源，但大型的太阳能装置仍然代表着工业的发展。大型的太阳能装置破坏了栖息地，占用沙漠资源，在安装的过程中还会修建道路、造成污染，甚至直接杀死动物。2016 年，"沙漠可再生能源保护计划"保护了约 3.7 万平方千米的联邦土地，使其免受太阳能、风能或地热开发的影响，仅约 3200 平方千米的低生态价值的土地开放用于可再生能源项目。

"绿色撒哈拉"

在荒凉的撒哈拉沙漠，远古的狩猎者曾在洞穴和裸露的岩石上刻画充满活力的景象。这些石画是在距今 11 000—15 000 年前非洲最后一个湿润时期创作的，描绘了当时生活在"绿色撒哈拉"地区的大象和羚羊等大型哺乳动物群。气候变化带来了一个时代的开始，结束也同样如此，人类并不参与这一转变。非洲湿润时期，非洲北部获得更多的光照，使得夏季季风能深入非洲大陆。当气候突然发生变化，人类就迁移到附近的其他地方，如埃及，而撒哈拉沙漠又变为如今这样的干旱之地。

然而，现在的气候变化比以往任何时候都更迅速。大多数科学家认为，人类活动导致的温室气体增加可能是气候变化的原因。与此同时，人类活动和不断增长的人口数量，持续破坏和分割着全球的栖息地，导致易受伤害的物种丧失避难所，阻断动物迁徙的道路。

气候变化不是气候变暖，而是气候从正常的模式变为极端的模式。随着持续的气候变化，热浪和干旱现象将更加普遍，降水也会更猛烈、更具破坏性。在沙漠中，降水时间的改变可能产生无法预知的后果，同时，高温以及大气中温室气体含量的增加可能导致植物群落的变化。一般来说，沙漠面积会不断增加。

一些沙漠原生物种已经适应了这个非常特殊的生境——它们在地下活动。鬣蜥、蜥蜴和乌龟等爬行动物已经失去部分活动范围，数量开始下降。研究人员注意到，约书亚树国家公园的部分区域几乎没

南极洲大量的冰川融化，是气候发生变化的一个标志。

现在，世界上人们每年使用的可再生能源的数量，要比煤、天然气和石油这些不可再生能源的多。

——潘基文，联合国前秘书长，2015 年

应对气候变化的行动

尽管应对气候变化的进程要比许多人想象的慢，但也有令人欣慰的事情。2015 年，195 个国家签订了《巴黎气候协定》，该协议旨在实现各国达到降低温室气体排放量的既定目标。2014 年至 2015 年，许多国家温室气体的排放量甚至出现了下降。然而，特朗普总统在 2017 年 6 月 1 日宣布美国将退出该协议。其他许多国家仍致力于实现可持续发展的未来。

有约书亚树幼苗，有的区域甚至已经绝迹，这很可能是由该地区长期干旱而导致的。多年生植物的幼苗期是一个特别脆弱的阶段，因为相比成年植株，幼苗需要更多的水分才能存活。日益严重的干旱是气候变化的预期影响之一，研究人员已将约书亚树视为未来气候变化的指示性植物。

气候变化主要是由沙漠以外的力量造成的，因此解决方案也必须来自外部环境。许多国家也已认识到，全球正面临着前所未有的威胁，开始努力采取有效对策。

同时，研究人员正在监测气候变化对沙漠景观的影响。他们正在对特定地方发现的物种进行分类，并研究它们对当前和未来气候变化做出的响应。更好地了解这些过程和问题将有助于环保人士保护濒危物种的重要栖息地。

不断出现的挑战

水资源紧缺一直以来都是沙漠地区面临的严峻问题，而现在世界上的沙漠还遭受着人们争夺水资源、干扰水流和破坏水源等压力。这些问题并不新鲜，但随着社会的发展和农业需求的急剧增加，助长了荒漠化的形成。冰川的萎缩正在影响着依赖冰川融水生存的沙漠植物。在一些地方，人们发明了新的解决方案。例如，在印度拉达克地区，发明家旺楚克（Sonam Wangchuk）正在研究人工冰川。这种人工冰川在冬季冻结，春天融化，可用于灌溉农田。

越野车在美国西南部的沙漠中仍然非常流行，由于它们的使用，一些沙漠中的小路变宽，占据了沙漠植物的栖息地。有些驾驶者到更远的地方冒险，扩大了对沙漠的破坏范围。不过，土地管理人员和社区团体仍在不断抵制非法越野这种行为。

水——无处不在

世界上约 97% 的水为海洋水，人类无法直接饮用或浇灌。目前已有技术可把海水中的盐分去除，但这一过程极其缓慢且成本高昂。由奈尔（Rahul Nair）博士带领的一个研究小组发明了一种可以改变这一过程的滤网，能以较经济的方式去除海水中的盐。其他人也在研究从环境中获取水的新方法。在麻省理工学院，研究人员发明了一个装置，能利用太阳能从极度干燥的空气中提取水分。新的获取水源的方法是否能减轻沙漠地区的负担？还有待观察。

约书亚树基因组测序

约书亚树的幼苗适宜在凉爽潮湿的冬季和春季生长，这意味着它们会受到全球变得更温暖、更干燥的威胁。由于气候变化，未来约书亚树国家公园内的约书亚树的数量可能会大量减少。研究人员正开展一个项目，尝试通过测定约书亚树基因组序列来改变这种状况。

基因组测序是绘制生物体遗传物质图谱的过程。基因组是生物体内一套完整的 DNA。DNA 是由碱基对构成的长链骨架式有机化合物，呈双螺旋状结构。约书亚树的基因组包含大约 30 亿个碱基对，如果不卷曲的话，碱基对伸展可达 3 米左右。碱基对序列组成了遗传密码，基因是通过指导细胞中特定蛋白质的合成而发挥作用的。

在完成对一棵约书亚树的基因组测序之后，科学家们将转向另一棵树。他们希望找出约书亚树能适应沙漠环境的相关基因，以及影响约书亚树与其他莫哈韦物种（如丝兰蛾传粉昆虫）相互作用的基因。一旦科学家完全了解了约书亚树种群的遗传多样性，他们就可以制订计划保护其生物多样性。如果他们能够确定一种特别适应温暖而干燥环境的种群，他们就可以传播该种群的种子，这将有助于未来约书亚树国家公园内长满约书亚树。

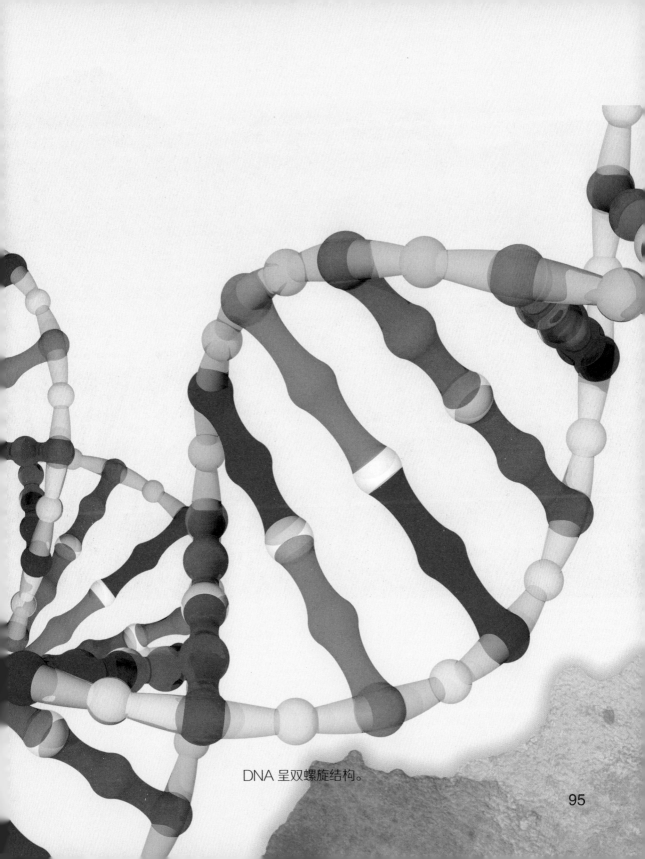

DNA 呈双螺旋结构。

保护区保护了原生物种，图为内华达州的红岩峡谷保护区。

开展教育和宣传、设置围栏和路标可以缩小越野车的活动范围,而步道设计可以最大限度地减少骑行者对设定路径周围环境的影响。

在过去的几百年里,沙漠经历了许多变化。作为一个复杂的生态系统,沙漠支持着各种独特的生物以及人类生计。沙漠易受干扰,土壤脆弱,动物生存依赖于稀缺资源,而人类活动使之更加稀缺。人类活动的干扰会使沙漠荒芜,让曾经肥沃的土地变成真正的荒地。

沙漠生态系统虽然脆弱,但也具有自我修复的能力。它们可以自我恢复,虽然在人类的帮助下恢复可能更快更好。人类在保护沙漠方面取得了巨大成功。为了防止沙漠被进一步破坏,大面积地区被纳入法律保护的范围。土地管理者已经找到了保护、加强和恢复沙漠生物多样性的方法。尽管仍有许多挑战,但人们可以通过努力和创新来保护完整的沙漠土地。他们的努力将使子孙后代受益。

不过,还是有好消息:目前退化的土地有恢复的趋势。

——"联合国荒漠与防治荒漠化十年"运动

联合国防治荒漠化

1996 年,《联合国防治荒漠化公约》在 180 多个国家的同意下正式生效。《公约》设立的目的是解决世界各地的荒漠化和土地退化问题。每个国家还制定《国家行动计划》,确定荒漠化和干旱的原因并制订切实可行的解决办法。《公约》有助于开展研究和获得其他方面的支持。联合国还宣布 2010 年至 2020 年为"联合国荒漠和防治荒漠化十年"。这场运动普及了人们对荒漠化问题的认识,并支持诸如"绿色长城"——一个致力于恢复非洲土地等的项目。

因果关系

解决方法

问题

建立土地保护

规范放

管理越野

恢复沙漠景

恢复当地物

发展可持续农业技

过度放牧、集约化农业、越野车辆和抽水造成的荒漠化

封闭道

保护土地不被开

开发导致的沙漠问题

保护并修复栖息

给予法律保

圈养繁殖和放

种植原生植

栖息地消失、狩猎、放牧和物种入侵造成的生物多样性丧失

因新物种引入和沙漠受到的干扰导致的物种入侵

人工清除入侵

用除草剂控制入侵

投放生物防治

气温上升和干旱引起的气候变化

减少有害气体排

保护濒危物

帮助物种适应变

效果

生态系统功能恢复
侵蚀减少
沙漠开始自我恢复
沙漠生产力提高
生物多样性增加

沙漠得到保护

物种恢复
沙漠生物多样性得到恢复或增加
生态系统功能恢复

入侵物种得到治理
本地物种恢复
生态系统功能恢复

气温下降
干旱变少
生物多样性得到保护

基本事实

正在发生的事

世界各地的沙漠面积正在扩大并且变得更加贫瘠。在许多地区，保护工作正在努力扭转这一趋势。修复项目已经通过修复人类活动造成的破坏来改善沙漠状况。控制项目也被用来应对入侵物种。保护工作使物种免于灭绝，并有助于恢复生物多样性。

原因

过度放牧、农业、栖息地减少、发展、入侵物种、污染、车辆交通和其他人类活动削弱了当地生物多样性，降低了沙漠生态系统的自然恢复能力。

核心角色

在沙漠中生活、工作或从事娱乐活动的人对沙漠产生很大的影响，与他们提供的生态服务也有关。政府机构和土地保护区的管理人员常常会帮助保护和恢复沙漠。动物园也参与到圈养繁殖项目中。志愿者可以帮助沙漠保护区控制入侵物种和种植当地植物。个人土地所有者也可以管理他们的土地，这在某种程度上改善了沙漠并丰富了生物多样性。

修复措施

　　土地被划为自然保护区。人类已经控制或根除了入侵物种，并利用机械、化学和生物等方法对它们进行跟踪。一些地区的生物多样性得到了保护和修复。为了恢复植物群落并减少侵蚀，人们已经修复了裸露的地貌。人们已将水重新引入之前为农业和城市用地的河岸地区，促进了这些地区的恢复。此外，在保护生物多样性的同时，人们还探索了利用沙漠环境种植农作物和饲养牲畜的方法。

对未来的意义

　　人类活动已经改变了世界各地的沙漠生态系统，这种改变往往是永久性的，但随着对保护目标持续加大的投入和努力，沙漠将会成为拥有丰富生物多样性的生态系统。

引述

　　从路边望去，这片干旱的土地有隐藏生命的迹象，而近距离的观察会令你发现，这是一个由许多生物交织形成的生态系统，极其美丽和复杂。

　　　　　　——《美国西部国家公园》一书中关于约书亚树国家公园的描述

专业术语

一年生植物

在一年内完成生命周期（发芽、生长、开花、结果、死亡）的植物。

含水层

在空隙连通处有水分流动的地下岩层。

干旱

由于缺少降水或者缺乏其他水源而导致的极端干燥。

生物多样性

特定的生境或生态系统中生命形式的多样性。

隐生物土壤结皮

一些沙漠土壤表层形成的有生命的结皮。

荒漠化

因为人为因素而造成土地变为沙漠或沙漠土壤退化的过程。

特有物种

经常生活于特定环境中的物种或生物。

基因组

生物体内一套完整的遗传物质。

入侵物种

进入一个新的生态系统，大面积蔓延且造成危害的生物物种。

绿洲

沙漠中终年有淡水源的地方。

多年生植物

寿命超过两年的植物。

恢复生态学

使退化的土地恢复到自然状态的科学。

丰富度

在生态学中，该词语指一个区域内物种群落数量的多少。

多肉植物

具有可以贮水的肉质茎或叶片的植物。

可持续

从生态学角度来说，如果一个种群是可持续的，那么它能够在其所处的环境中保持其数量。例如，可持续渔业可以通过以合理的速度捕捞，达到有所收获并且永不枯竭的目的。

共生

两种不同生物之间所形成的紧密互利的关系。

责任编辑　侯慧菊

封面设计　杨　静

"修复我们的地球"丛书

走进沙漠

［美］克拉拉·麦克卡拉德（CLARA MᴀᴄCARALD）　著

王　静　译

出版发行　上海科技教育出版社有限公司

　　　　　　（上海市柳州路 218 号　邮政编码 200235）

网　　址　www.ewen.co　www.sste.com

经　　销　各地新华书店经销

印　　刷　常熟市文化印刷有限公司

开　　本　787×1092　1/16

印　　张　6.5

版　　次　2020 年 4 月第 1 版

印　　次　2020 年 4 月第 1 次印刷

书　　号　ISBN 978-7-5428-7173-2/N·1078

图　　字　09-2019-005 号

定　　价　45.00 元